BEI GRIN MACHT SICH IHR WISSEN BEZAHLT

AF151576

- Wir veröffentlichen Ihre Hausarbeit, Bachelor- und Masterarbeit

- Ihr eigenes eBook und Buch - weltweit in allen wichtigen Shops

- Verdienen Sie an jedem Verkauf

Jetzt bei www.GRIN.com hochladen und kostenlos publizieren

GRIN

Mario Weißensteiner

Fernauslesung von Wärmezählern

Datenübertragung, die sich rechnet

GRIN Verlag

Bibliografische Information der Deutschen Nationalbibliothek:

Die Deutsche Bibliothek verzeichnet diese Publikation in der Deutschen National-
bibliografie; detaillierte bibliografische Daten sind im Internet über http://dnb.d-
nb.de/ abrufbar.

Impressum:

Copyright © 2009 GRIN Verlag GmbH
Druck und Bindung: Books on Demand GmbH, Norderstedt Germany
ISBN: 978-3-640-42500-6

Dieses Buch bei GRIN:

http://www.grin.com/de/e-book/135843/fernauslesung-von-waermezaehlern

GRIN - Your knowledge has value

Der GRIN Verlag publiziert seit 1998 wissenschaftliche Arbeiten von Studenten, Hochschullehrern und anderen Akademikern als eBook und gedrucktes Buch. Die Verlagswebsite www.grin.com ist die ideale Plattform zur Veröffentlichung von Hausarbeiten, Abschlussarbeiten, wissenschaftlichen Aufsätzen, Dissertationen und Fachbüchern.

Besuchen Sie uns im Internet:

http://www.grin.com/

http://www.facebook.com/grincom

http://www.twitter.com/grin_com

BACHELORARBEIT

FERNAUSLESUNG VON WÄRMEZÄHLERN
DATENÜBERTRAGUNG, DIE SICH RECHNET

ausgeführt am

FACHHOCHSCHULE DER WIRTSCHAFT

Fachhochschul – Bachelorstudiengang
Automatisierungstechnik

von
Mario Weißensteiner

Graz, im Februar 2009

DANKSAGUNG

Ich danke Herrn Dipl.-Ing. Karl Hartinger für die Betreuung während der Erstellung dieser Bachelorarbeit.

Weiterhin gehört mein Dank Herrn Wolfgang Fink von der Steirischen Gas & Wärme GmbH für die Betreuung vor Ort und der vorangegangenen langjährigen Ausbildung in der Abteilung „Zählerwesen". Die konstruktiven Gespräche waren sehr informativ und bereiteten mir einen weitreichenden Überblick über dieser Thematik.

Abschließend danke ich meiner Familie für die Geduld und für die moralische Unterstützung während meiner gesamten Studienzeit.

KURZFASSUNG

Datenfernübertragung von Wärmemengenzählern gewinnt immer mehr an Bedeutung. Man bedenke, vor knapp zehn Jahren wurden nicht einmal 5% des steiermarkweiten Zählerbestandes fernausgelesen, so sind es heute schon mehr als die Hälfte. Der Grund für dieses hohe Maß an Beliebtheit ist nicht nur der Rückgang der Einstandspreise, sondern auch die einfache und rasche Realisierung solcher Systeme, die es auch kleineren Netzbetreibern ermöglicht, ihre Zählerstände per Fernübertragung zu eruieren.

Diese Bachelorarbeit gibt einen strukturierten und besonders verständlichen Zugang zu den einzelnen Fernübertragungssystemen. Diese Systeme operieren zum Teil drahtlos und zum Teil drahtgebunden. In weiterer Folge wird ein guter Gesamtüberblick über die Aspekte dieser Systeme übermittelt. Dieser führt von allgemeiner Erklärung über Funktionsweise und Übertragungssicherheit bis hin zur Montage, sodass diese Arbeit einerseits zur Auswahl neuer Systeme und andererseits als Schulungsunterlage im Unternehmen dient.

ABSTRACT

Automatic Meter Reading (AMR) is becoming more and more popular in the range of heat meters. About ten years ago there were less than 5% of automatic reading systems being utilized within Styria. Nowadays more than 50% of heat meters are equipped with automatic reading systems. This increase of use could, not only, be explained by the reduction of the systems' price but also by the easy and fast installation. Moreover this advantage also makes it possible for smaller companies to use these systems, and efficiently get the counter values required from the original meter.

This bachelor thesis presents a structured and understandable analysis, reviewing the Automatic Meter Reading systems, which can be operated wireless or cabled. In addition, it presents an overview considering aspects such as general entry, the function mode, transmission reliability and also product installation. This thesis aims to aid the selection process, when considering appropriate heating systems for specific requirements and to assist in the training of staff, with regards to system benefits, installation and usage.

INHALTSVERZEICHNIS

ABBILDUNGSVERZEICHNIS

TABELLENVERZEICHNIS

1 Einleitung

Die Steirische Gas & Wärme GmbH ist ein Tochterunternehmen des Energie Steiermark-Konzerns, der derzeit in den folgenden Kerngeschäftsfeldern tätig ist: Verkauf von Strom und Gas an Industriekunden, gewerbliche Abnehmer und Endverbraucher, Verteilung von Strom und Gas, Lieferung von Dampf und Wärme sowie Strom- und Gashandel; Planung, Errichtung, Betrieb und Instandhaltung von technischen Anlagen im Bereich der Strom- und Wärmeerzeugung sowie thermische Abfallbehandlungsanlagen; Abfallwirtschaft, Abfallbehandlung und -verwertung, insbesondere im Bereich der thermischen Abfallentsorgung. Der Gesamtkonzern stellt das viertgrößte Energieversorgungsunternehmen Österreichs dar und erzielte 2007 einen Umsatzerlös von 1.174,1 Mio. EUR.[1]

Der jährliche Fernwärmeverkauf im Inland kann mit ca. 1.400 GWh beziffert werden. Im letzten Jahr lag dieser Wert witterungsbedingt bei 1.272 GWh. Diese Wärmemenge wird mittels Wärmemengenzähler erfasst. Die Nenngrößen dieser Zähler reichen von DN15 bis zu DN600. Diese sind in Abhängigkeit der Größe und somit auch des Durchflusses mit verschiedenen Messverfahren ausgestattet.

Um eine Gesamtwärmemenge von 1.400 GWh an die jeweiligen Abnehmer bzw. Kunden verrechnen zu können, benötigt es sehr vieler Zählerdaten. Diese wurden bisher konventionell und sehr zeitintensiv eruiert, d.h. mittels Ableseliste wurden die meisten der ca. 12.000 in der Steiermark befindlichen Zähler von einem Mitarbeiter/In abgelesen.

Im Zusammenhang mit der technologischen Entwicklung von Fernübertragungssystemen begann die Steirische Gas & Wärme GmbH mit der Einführung solcher. Zu Beginn war es nur wirtschaftlich, Großabnehmer wie Firmen, Einkaufszentren, Schulen, Thermalbäder usw. mit diversen Fernübertragungssystemen auszustatten, die auf Grund höherer Anschlussleistungen monatlich abgelesen und folglich abgerechnet wurden. Im Laufe der Zeit wurden die einzelnen Module, die mit geringem Aufwand in die Zähler verbaut werden können, ungleich günstiger. Dies führte zu einer flächendeckenden Einführung von Fernübertragungssystemen bei Wärmemengenzählern.

---

[1] Vgl.: Energie Steiermark AG. http://www.e-steiermark.com/konzern/index.htm [Stand 15.12.2008].

Bis dato haben sich in der Steirischen Gas & Wärme GmbH vier Systeme etabliert. Diese werden auf Grund verschiedenster Kriterien ausgewählt.

- ➢ Funk
- ➢ M-Bus (**M**eter **B**us)
- ➢ GSM (**G**lobal **S**ystem for **M**obile Communications)
- ➢ Modem

Mit allen oben genannten Systemen können Wärmezähler von der Ferne ausgelesen werden. Dies wird im Fachjargon mit Automatic Meter Reading, kurz AMR, bezeichnet.

Es sollen in dieser wissenschaftlichen Arbeit die Eigenschaften wie Funktionsweise, Montage, Einsatzbereich und Übertragungssicherheit der verschiedenen Fernauslesesysteme erfasst bzw. gegenübergestellt werden. Diese Erkenntnisse sollen in die Planung neuer Fernauslesesysteme bei Fernwärmezählern einfließen.

Weiters soll diese Arbeit eine kompakte Übersicht der in der Steirischen Gas & Wärme verwendeten Fernübertragungssysteme darstellen und als Schulungsskript für Mitarbeiter/Innen dienen, um etwaige Montagefehler zu verhindern und zusätzlich eine Störungsbehebung rascher durchzuführen.

2 Vor- und Nachteile einer Fernübertragung

Wie jede Modernisierung bringt auch eine Fernauslesung von Wärmezählern Einsparpotentiale mit sich. Aufgrund von internen Investitionsberechnungen sollte sich eine Umstellung auf Fernauslesung der Zählerdaten innerhalb von fünf Jahren amortisiert haben. Hierbei wurde berücksichtigt, dass nicht nur der Personalaufwand für die Ablesung sinkt, sondern in weiterer Folge auch der Aufwand für die Dateneingabe in die Verrechnungssoftware. Zusätzlich werden Ablesefehler vermieden sowie eine rasche und exakte Verrechnung gewährleistet. Dennoch sollte man bedenken, dass die Umstellung eines bestehenden Fernwärmenetzes einen schleichenden Übergang darstellt. Der überwiegende Teil der Zähler wird anhand der 5-jährigen Eichperiode erneuert und auf Fernauslesung umgestellt, wobei neuere elektronische Zähler, die nicht mit einem Fernübertragungssystem kompatibel sind, dennoch wieder eingebaut werden. Des Weiteren verlangt der anfängliche Administrationsaufwand, z.B. Routenplanung bei Funkablesung etc., eine Umstellung, die Schritt für Schritt erfolgt.

2.1 Technologischer Aspekt

Im Zuge der Umstellung auf Fernauslesung kann bei entsprechender Steuerung ein einheitlicher Zählerbestand bewerkstelligt werden. Es können somit, falls vorhanden, alte verlustreiche mechanische Zähler durch neue elektronische Zähler mit modernster Technologie ersetzt werden. Dies sind meist Ultraschallwärmezähler oder Magnetisch-Induktive-Wärmezähler mit einem sehr geringen Messfehler. Durch eine Vereinheitlichung des Zählertyps wie auch des Herstellers wird weiters auch die Durchlaufzeit bei einer fälligen Eichung verkürzt. Dies führt zu einer Effizienzsteigerung einer Eichstelle im Allgemeinen. Bei Spezialisierung auf einen Anbieter können die Zähler sehr kostengünstig eingekauft werden. Jedoch verliert man bei einer solchen Spezialisierung sehr viel an Unabhängigkeit bezüglich Anbieterauswahl, da die meisten Module nicht mit anderen Herstellern kompatibel sind.

Zwischenablesungen können jederzeit durchgeführt werden und der Kunde muss nicht mehr anwesend sein, weil von der Ferne ausgelesen wird. Eine ferngestützte Auslesung erfolgt mit einer nahezu 100%igen Fehlerlosigkeit und kann unverzüglich auf Korrektheit überprüft werden. Ein sogenannter „Ziffernsturz" ist ausgeschlossen und bringt Ablesesicherheit. Durch Fernauslesung ist eine Ablesung genauer, weil diese zeitpunktbezogen erfolgt, was wiederum zu einer verbesserten Abrechnungsgenauigkeit führt.

Hinsichtlich CO_2 Ausstoß kann durch Fernauslesung ein kleiner Teil zur Reduktion beigetragen werden. Bei kontinuierlicher Datenübertragung, z.B. mittels Modem, kann bei Analyse und richtiger Auswertung dies zu einer Optimierung der Anlage führen. Zusätzlich können Lastspitzen schneller eruiert werden, die in weiterer Folge Verbesserungen der Netzbelastung mit sich bringen.

Kein Pro ohne Contra: all diesen Vorteilen steht ein sehr großer Nachteil gegenüber. Durch Fernübertragungssysteme werden die Zähler in wenigen Sekunden ausgelesen und die monatliche oder jährliche Anlagenkontrolle im Zuge der Zählerablesung wird nicht oder nur teilweise durchgeführt. Somit werden Leckagen, Wartung der Schieber, Reinigung usw. und daraus resultierend Gefahrenquellen nicht bzw. sehr spät erkannt.

2.2 Personalpolitischer Aspekt

Ein großer Vorteil hinsichtlich personalpolitischer Betrachtung ist die gemeinsame Ablesung von einer zentralen Stelle aus. Eine Zeitersparnis von bis zu 70-80% bei Funkauslesung ist möglich. Bei vollautomatisierter Auslesung entfällt der komplette Zeitaufwand für die Ablesung.

Dafür wird ein höher qualifiziertes Personal für Administration und Installation benötigt. Gleichermaßen ist die Wartung und Störungsbehebung betroffen.

2.3 Kundenzentrierter Aspekt

Die größten Vorteile für den Kunden ergeben sich aus der stichtagsgenauen Abrechnung und dass der Kunde bei der Ablesung nicht anwesend sein muss. Da von der Ferne ausgelesen wird, wird kein Eintritt ins Haus bzw. zur Anlage benötigt. Somit ist der Privatbereich des Kunden geschützt.

2.4 Gegenüberstellung

Vorteile	Nachteile
Modernisierung des Zählerbestands	Investitionskosten
Zwischenablesungen jederzeit möglich	
Nahezu fehlerlose Auslesung	
Zeitpunktbezogene Auslesung	
Ev. Optimierung der Anlage	
Verbesserung der Netzbelastung	
Kein Zutritt zur Anlage erforderlich	Reduktion der Anlagenkontrollen
Zeitersparnis hinsichtlich Ablesepersonal	Höher qualifiziertes Personal benötigt

Tabelle 1: Vor- und Nachteile einer Datenfernübertragung[2]

2.5 Ausgangssituation

Bis dato sind 4.000 von insgesamt 12.000 in Betrieb befindlichen Wärmezähler mit einem Fernübertragungssystem ausgestattet. Laut der Ablesung im Jahr 2008 liegt die durchschnittliche Ausfallsquote bei knapp 0,5%, die meist auf Produktionsfehler oder Montagefehler zurückzuführen ist. D.h. von den 4.000 Zählern funktionieren 20 nicht ordnungsgemäß und müssen meist ausgetauscht werden.

---

[2] Eigene Darstellung

3 Funk

3.1 Allgemeines

Funkwellen (Radiowellen) sind einfach zu erzeugen. Sie können große Entfernungen zurücklegen und können in Gebäude eindringen, d.h. Wände, Decken oder Böden stellen kein Hindernis dar. Aus diesem Grund wird diese Technik häufig für eine Datenübertragung von einem Gebäude ins Freie angewandt.

Funkwellen sind elektromagnetische Wellen. Die Existenz von Radiowellen wurde 1888 experimentell nachgewiesen. Die ersten Funkversuche gingen ein paar Jahre später vonstatten, die eine Entfernung von 5 km überwanden. Im Laufe der Zeit fanden Datenverbindungen ohne etwaige Verbindungsleitung immer mehr Anwendung, sei es in Industrie, Medizin oder im Alltag eines jeden Menschen. In diesem Zusammenhang wurden Systeme entwickelt, mit denen Verbrauchsdaten der Kunden von Energieversorgungsunternehmen mittels Funkwellen übertragen werden können, um zusätzliche Kosten einzusparen und eine Auslesung zeiteffizienter zu gestalten.

3.2 Funktionsweise

Durch die Bewegung von Elektronen werden elektromagnetische Wellen erzeugt, die sich im Raum ausbreiten können. Wird nun eine Antenne der richtigen Größe an diesem Stromkreis angeschlossen, werden elektromagnetische Wellen ausgestrahlt, die von einem entsprechenden Empfänger in einer angemessenen Entfernung empfangen werden können. Dieses Funktionsprinzip findet in allen drahtlosen Kommunikationsarten Anwendung. In Vakuum breiten sich Wellen mit einer gleichmäßigen Geschwindigkeit aus, die mit Lichtgeschwindigkeit c bezeichnet wird. Im Vergleich können sich diese Wellen in einer Kupferleitung oder einer Glasfaserleitung nur etwa mit 2/3 der Geschwindigkeit in Vakuum ausbreiten.[3] Auch in der Umgebungsluft müssen diese Wellen einen sehr geringen Widerstand, z.B. Schmutzpartikel, Nebel oder Regen, überwinden.

Funkwellen niederer Frequenz sind rundstrahlend (omnidirektional), deshalb müssen Sender und Empfänger nicht sorgfältig zueinander ausgerichtet werden.

3.2.1 Modulation

Um Daten mittels Funkwellen übertragen zu können, müssen diese moduliert werden. Die Nutzinformationen werden in einen Frequenzbereich verschoben, den eine Antenne abstrahlen kann. Das heißt, bei einer Modulation wird das eigentliche Funksignal (Trägerfrequenz) durch das Informationssignal (z.B. Zählerdaten) verändert. Es existieren verschiedene Parameter, die in einem Trägerfrequenzsignal verändert werden können, daraus leiten sich diverse Modulationsverfahren ab.[4] Das Trägersignal ist jedoch hinsichtlich der zu übertragenden Daten nicht von Bedeutung.

Voraussetzung ist, dass das Trägersignal eine höhere Frequenz als die höchste auftretende Frequenz im Informationssignal aufweist.

---

[3] Vgl.: Tanenbaum, Andrew S. (2003): Computernetzwerke. 4., überarb. Aufl. München: Pearson. S. 121.

[4] Vgl.: Zielosko, Gunther. Funk-Datenübertragung mit BASIC Tiger. http://www.wilke.de/guntherspage/view.php?we_objectID=374 [Stand 20.12.2008].

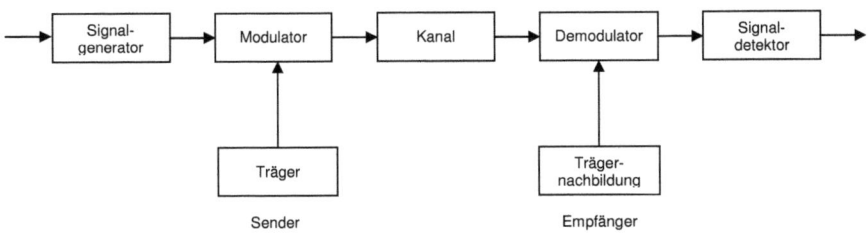

Abbildung 1: Grundsätzliche Funktionsübersicht Modulation[5]

Grundsätzlich können die Modulationsarten in zwei Gruppen eingeteilt werden, die zugleich auch als zeitkontinuierliche und zeitdiskrete Modulation bezeichnet werden:

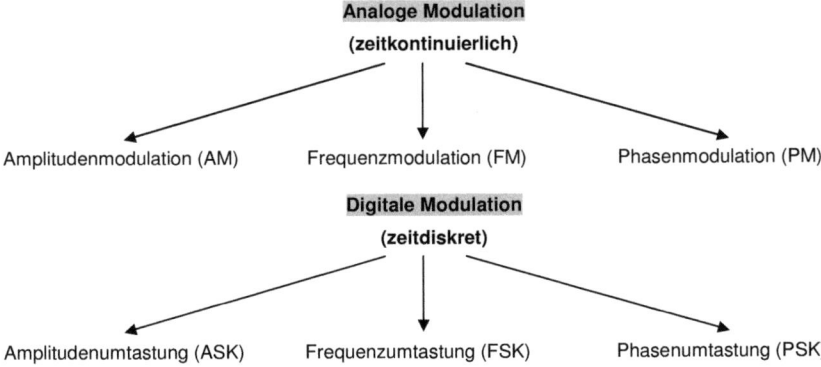

Abbildung 2: Einteilung Modulationsverfahren[6]

Weiters werden auch lineare und nichtlineare Modulationsverfahren unterschieden. Bei Linearität ergibt die mathematische Funktion, die den Modulationsvorgang beschreibt, einen linearen Verlauf. Dies trifft bei der Amplitudenmodulation zu, weil diese im Zeitbereich eine Multiplikation darstellt. Der Vorteil hierbei ist die höhere Bandbreitenausnutzung. Nachteilig sind die hohen Anforderungen bezüglich der Linearität der Übertragungsstrecke (insbesondere Verstärker).

Im Gegensatz ist die mathematische Funktion bei einer nichtlinearen Modulation von einer Abbildung von Momentanwerten abhängig, was mit einem höheren Aufwand verbunden ist. Als Beispiel können die Frequenzmodulation und die Phasenmodulation genannt werden.[7]

---

[5] Eigene Darstellung

[6] Eigene Darstellung

[7] Vgl.: Mäusl, Rudolf; Göbel, Jürgen (2002): Analoge und digitale Modulationsverfahren. Basisband und Trägermodulation. Heidelberg: Hüthig. S. 7f.

3.2.1.1 Amplitudenumtastung (ASK)

Die Amplitudenumtastung (Amplitude Shift Keying – ASK) ist eine Form der Amplitudenmodulation. Es wird die Amplitude eines Sinusträgers mit Hilfe eines digitalen Basisbandsignals moduliert. Die einfachste Umsetzung dieser Modulation (zweiwertigen Amplitudenumtastung) ist das On-Off-Keying (OOK). Hierbei nimmt die Amplitude des modulieren Signals nur zwei Werte an („1" und „0"). Die Demodulation erfolgt meist mittels Hüllkurvendemodulation.

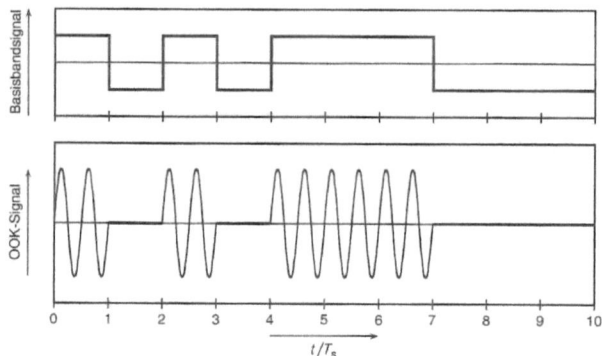

Abbildung 3: Zeitfunktion der binären Amplitudenumtastung[8]

Die Modulation erfolgt einfach durch Multiplikation der Trägerschwingung mit dem Datensignal. Für die Demodulation kann die kohärente oder die inkohärente Demodulation angewendet werden. Für die inkohärente wird ein Hüllkurvendetektor benötigt. Das modulierte Signal und ein eventuell vorhandenes Störsignal haben keinen linearen Zusammenhang, was das Problem mit sich bringt, dass keine direkte Berechnung der Bitfehlerhäufigkeit möglich ist. Deshalb wird zu jedem Abtastzeitpunkt das Empfangssignal auf Korrektheit geprüft, was nur mit einem sehr aufwändigen Vorgang realisiert werden kann.

Durch den Einsatz eines vom Aufbau her einfacheren Hüllkurvendemodulators ist bei höheren Signal-Rausch-Abständen eine um weniger als 1dB höhere Signalenergie je Bit abzüglich Rauschleistungsdichte notwendig.[9]

Hierzu wird kein lokales Trägersignal benötigt, denn das Frequenzband wird mittels Bandpass herausgefiltert. Das gefilterte Signal wird mit einer Diode gleichgerichtet und gleich wie bei der Synchrondemodulation anhand von Tiefpass- bzw. Hochpassschaltung auf das ursprüngliche Signal rückmoduliert.

Die Amplitudenumtastung ist störanfällig, weil die Information in der Amplitude steckt. Störfaktoren treten allgemein in der Amplitude auf, wodurch die Information einfach verfälscht werden kann.[10]

---

[8] Mäusl, Göbel (2002): Analoge und digitale Modulationsverfahren. S. 127.

[9] Vgl.: Mäusl, Göbel (2002): Analoge und digitale Modulationsverfahren. S. 150ff.

[10] Vgl.: Rech, Jörg (2008): Wireless LANs. 802.11-WLAN-Technologie und praktische Umsetzung im Detail. 3., akt. und erw. Aufl. Hannover: Heise. S. 26.

3.2.1.2 Frequenzumtastung (FSK)

Die Frequenzumtastung (Frequency Shift Keying – FSK) ist ein nichtlineares Verfahren mit konstanter Hüllkurve. Es handelt sich hierbei um eine Art der Frequenzmodulation. Sie wird meist in Systemen mit Leistungsverstärkern angewandt, die ohne Rücksicht auf Amplitudenverzerrungen voll ausgesteuert werden sollen. Gegenüber der Amplitudenumtastung kann mit dieser Modulationsart eine höhere Datenrate und eine größere Reichweite erreicht werden. Jedoch resultieren daraus eine geringere Bandbreite und ein höherer Energiebedarf.

Grundsätzlich erfolgt die Umsetzung dadurch, dass die Frequenz des Trägers entsprechend dem Datensignal zwischen verschiedenen diskreten Frequenzen verändert wird. Meist finden nur Systeme mit zwei Frequenzen (2-FSK) Anwendung, jedoch können höherstufige Formen vorkommen.

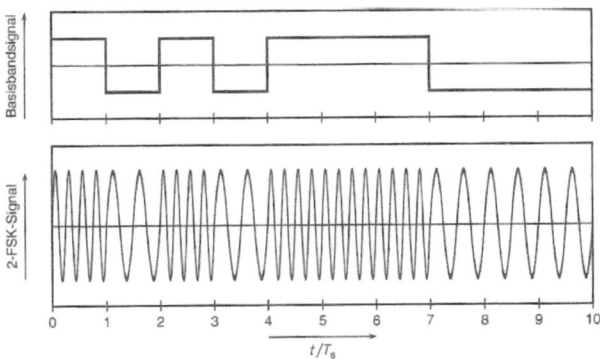

Abbildung 4: Zeitfunktion der binären Frquenzumtastung[11]

Es gibt zwei Möglichkeiten zur Erzeugung eines FSK-Signals. Am einfachsten sind zwei oder mehr voneinander unabhängige Oszillatoren, die gleich dem Datensignal (am Ausgang des Modulators) getaktet sind. Diese Ausführung wird als NCFSK bezeichnet.

Die häufigere Realisierung eines FSK-Signals erfolgt als CPFSK (Continuous Phase Frequency Shift Keying). Hierbei wird ein abstimmbarer Oszillator in Reihe geschaltet und seine Frequenz mit dem Datensignal moduliert.

Die Demodulation kann wiederum mit Hilfe der kohärenten und inkohärenten Datenmodulation erfolgen. Die inkohärente ist vergleichsweise einfach zu bewerkstelligen, jedoch ist sie der kohärenten bezüglich des Empfängers unterlegen.

Eine weitere Möglichkeit der Demodulation beruht auf Basis von Näherungsalgorithmen (Maximum Likelihood Estimation – MLE).

Weiters ist darauf acht zu geben, dass bei der Demodulation Einschwingvorgänge auftreten, welche die Bitrate begrenzen.[12]

---

[11] Mäusl, Göbel (2002): Analoge und digitale Modulationsverfahren. S. 130.

[12] Vgl.: Mäusl, Göbel (2002): Analoge und digitale Modulationsverfahren. S. 192ff.

3.2.1.3 Phasenumtastung (PSK)

Bei der Phasenumtastung (Phase Shift Keying – PSK), einer Art Phasenmodulation, wird ein digitales Basisbandsignal in diskreten Phasenstufen verändert. Das Signal hat eine konstante Frequenz und eine konstante Amplitude. Lediglich die Phasenlage ändert sich mit dem digitalen Modulationssignal. Die Realisierung ist annähernd gleich wie bei der Amplitudenumtastung, jedoch erfolgt bei der Multiplikation mit -1 ein Vorzeichenwechsel des Momentanwertes und zugleich wird die Phasenlage um 180° verschoben.

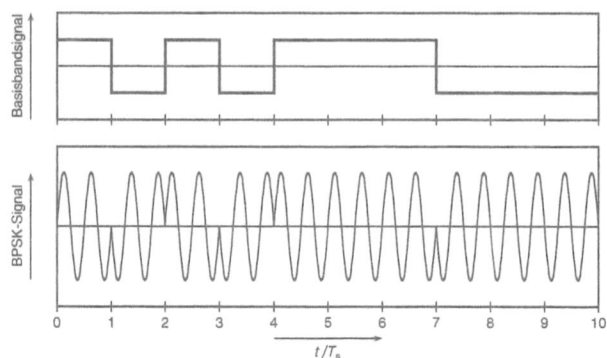

Abbildung 5: Zeitfunktion der binären Phasenumtastung[13]

Die Demodulation erfolgt durch Trägerrückgewinnung (TRG) sowie Symbolsynchronisation (SS). Ein Problem ergibt sich bei der Trägerrückgewinnung, da hier eine Phasenunsicherheit (Phase Ambiguity) von 180° auftritt. Bei einfachen, uncodierten PSK-S ignalen muss dieses Problem unbedingt beseitigt werden, da die Information in der Amplitude steckt. Abhilfe schafft man durch differentielle Codierung, hierbei steckt die Information nicht mehr in der Amplitude, sondern im Abstand zweier aufeinander folgender Phasenzustände. Dieses Verfahren ist heute weit verbreitet.

Natürlich kann diese Phasenunsicherheit z.B. durch eine Einstreuung von Synchronisationssymbolen während der Übertragung verhindert werden, was aber aufwändiger ist.

Die Phasenmodulation wurde oftmals erweitert und leistungsfähiger gestaltet, z.B. die quaternäre Phasenumtastung (QPSK), die zwei Bits des zu übertragenden Datenstromes zu einem sogenannten Dibit zusammenfasst.[14]

3.2.2 Frequenzband

Funkmodule arbeiten in ISM-Bändern (Industrial, Scientific and Medical Band). Diese Frequenzbänder benötigen keine Einzel-Frequenzzuweisung. D.h. für diesen Frequenzbereich muss keine Lizenz für den Gebrauch erworben werden. Aus diesem Grund sind diese Frequenzbereiche sehr überlastet und es

---

[13] Mäusl, Göbel (2002): Analoge und digitale Modulationsverfahren. S. 128.

[14] Vgl.: Mäusl, Göbel (2002): Analoge und digitale Modulationsverfahren. S. 157ff.

kann häufig zu Störungen bzw. Beeinflussungen kommen, wie z.B. im 433-MH-Band oder im 2,4-GHz-Band.

Dennoch unterliegen diese Frequenzbänder diverser Regulierungen, die bei der Bundesnetzagentur eingesehen werden können.

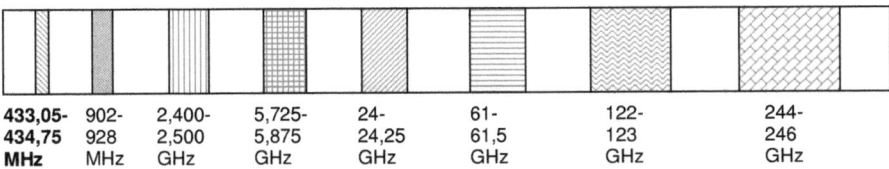

433,05-	902-	2,400-	5,725-	24-	61-	122-	244-
434,75	928	2,500	5,875	24,25	61,5	123	246
MHz	MHz	GHz	GHz	GHz	GHz	GHz	GHz

Abbildung 6: Gebührenfreie Frequenzbänder (ISM)[15]

Der Frequenzbereich von 868 - 870 MHz wird manchmal fälschlich als ISM-Band bezeichnet, ist aber laut Frequenzbereichszuweisungsplanverordnung kein ISM-Band. Trotzdem dürfen in diesen Frequenzbereich zulassungsfrei Sender mit kleiner Reichweite, wie beispielsweise RFIDs oder Funkschalter, betrieben werden.[16]

3.3 Montage

Die Montage der Funkmodule, die von der Fa. Kamstrup bezogen werden, erfolgt im Vergleich zu anderen Fernauslesesystemen sehr einfach und rasch. Die einzelnen Bauteile eines Funkmoduls sind auf einer Platine aufgelötet, die z.B. eine Größe von ca. 45mm x 70mm aufweist. Diese wird mittels Steckverbindung in einen Wärmezähler eingebaut, der das Modul innerhalb weniger Sekunden erkennt, d.h. die Funkmodule sind selbst erkennend und der Zähler muss nicht explizit vorbereitet werden. Auf Grund der Antenne, die auf dem Modul angebracht ist, können die Zählerdaten sofort per Funk übertragen werden. In abgeschotteten Räumen oder bei Gebäuden mit sehr dicken Wänden muss eine leistungsstärkere Antenne verwendet werden.

3.4 Einsatzbereich

Eingesetzt wird diese Art der Fernübertragung überwiegend bei Kleinkunden. Dies sind in der Regel Kunden mit niedrigeren Anschlussleistungen wie Einfamilienhäuser oder Wohnungen. Die einfache und kostengünstige Montage stellt hier den ausschlaggebenden Faktor dar, denn es werden auch keine zusätzlichen Verbindungsleitungen, wie z.B. beim M-Bus System, benötigt.

Bei einer Ausgangsleitung von 2mW (3dBm) können Reichweiten von bis zu 500m erzielt werden.

3.5 Übertragungssicherheit

Da die Funkmodule im 433-MHz-ISM-Band betrieben werden, ist die Störanfälligkeit wahrscheinlicher als bei anderen Systemen bzw. in anderen Frequenzbereichen. Geräte verschiedenster Art werden in

---

[15] Eigene Darstellung

[16] Vgl Frequenzbereichszuweisungsplanverordnung.http://bundesrecht.juris.de/bundesrecht/freqbzpv_2004/gesamt.pdf

[Stand 28.12.2008].

diesem Frequenzband betrieben, z.B. Funkthermometer, Babyphone, Funkschlüssel für Auto, Funkalarmanlagen und sogar das 70cm-Amateurfunkband liegt in diesem Bereich. Diese können im ungünstigsten Fall eine Zählerdatenübertragung beeinflussen bzw. stören. Auch beeinflussen Objekte im Weg der Wellen die Qualität und die Reichweite der Übertragung. Übertragungsverluste werden durch die verstärkende und bündelnde Wirkung der Antennen wieder vermindert.

Das Signal-Rausch-Verhältnis (Signal to Noise Ratio–SNR) gibt Auskunft über die Qualität des Signals. Es ist das Verhältnis zwischen der mittleren Leistung des Nutzsignals zur mittleren Rauschleistung. Das Rauschen tritt bei den meisten Übertragungswegen kurz vor dem Empfänger auf. Um dieses Rauschen aus dem Signal herausfiltern zu können, versucht man immer ein hohes Signal-Rausch-Verhältnis zu haben. Das Rauschen ist jedoch keine Kenngröße der Antenne selbst, sondern wird wesentlich durch die Umgebung und Ausrichtung der Antenne sowie durch die Frequenz bestimmt.[17]

---

[17] Rech (2008): Wireless LANs. S 314.

4 M-Bus

4.1 Allgemeines

Der M-Bus (auch Meter-Bus) ist ein Feldbussystem, das speziell für die Übertragung von Zählerdaten wie Gas, Wasser, Strom oder Heizung und sonstige Sensoren und Aktoren entwickelt wurde. Für Wärmezähler unterliegt das System seit 1997 einer europäischen Norm (ÖNORM EN 1434-3). Mittlerweile hat sich der M-Bus zu einem eigenständigen Standard entwickelt und ist in der ÖNORM EN 13757 niedergeschrieben. Dadurch können Geräte verschiedener Hersteller an ein und demselben Bus betrieben werden.

Entwickelt wurde dieses System von Prof. Dr. Horst Ziegler an der Universität Paderborn in Kooperation mit Texas Instruments Deutschland GmbH und Techem GmbH. Geplant war, ein weitläufiges Busnetzwerk in Form einer low cost Variante zu entwickeln. Das Konzept basiert auf dem ISO-OSI Modell und zielt auf ein freies System ab, dass beinahe jedes gewünschte Protokoll unterstützt. Die Abkürzung ISO-OSI steht für International Organization for Standardization und Open Systems Interconnection. Dieses Modell teilt die Kommunikationsfunktionen in sieben Schichten.

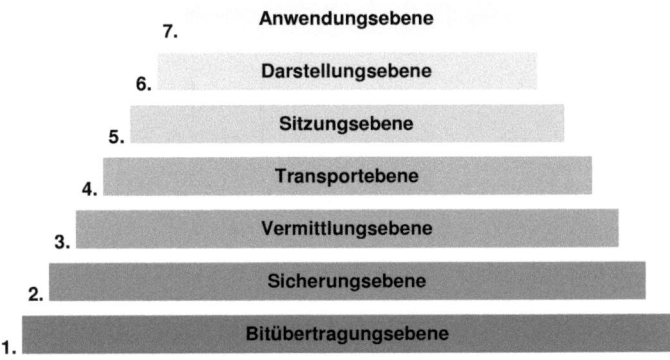

Abbildung 7: OSI Modell (Schicht 4 bis 6 ist bei M-Bus nicht belegt)[18]

4.2 Funktionsweise

4.2.1 Bitübertragungsebene (Physical Layer)

Der M-Bus ist ein hierarchisches System, das von einem Master (zentrale Steuereinheit) kontrolliert wird. Ein M-Bus-System besteht aus einem Master, mindestens einem und maximal 250 adressierbaren Slaves (Endgeräten) und einer zweiadrigen Verbindungsleitung. Der M-Bus verwendet das

---

[18] Eigene Darstellung

Halbduplexverfahren, das heißt, das Senden und Empfangen findet zwar auf einer Leitung, aber nicht zur gleichen Zeit statt.

Eine Bitübertragung vom Master zum Slave wird mit Hilfe von Spannungsimpulsen durchgeführt. Eine logische „1" korrespondiert mit einer Spannungshöhe von ca. +36 V am Ausgang des Bustreibers, der im Mastergerät inkludiert ist. Im Vergleich dazu wird eine logische „0" durch eine Herabsetzung des Ausgangs um 12 V auf rund +24 V erreicht.

Die Übertragung in gegengesetzter Richtung, also vom Slave zum Master, erfolgt mittels Strommodulation. Eine logische „1" wird durch einen konstanten Strom von bis zu 1,5 mA und eine logische „0" durch eine Stromerhöhung von 11-20mA erzeugt.

Um dieses Niveau der Spannung bzw. des Stroms zu erzeugen, wird ein Pegelwandler benötigt. Dieser wandelt ein Signal des Masters (z.B. Computer) in ein M-Bus-Signal um.

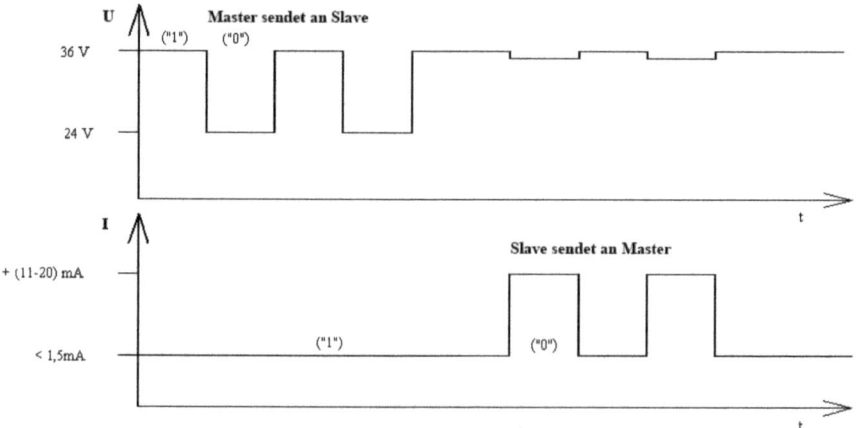

Abbildung 8: Übertragungsimpulse bei M-Bus[19]

Der Ruhezustand am M-Bus ist eine logische „1", das bedeutet 36 V am Bustreiber und 1,5 mA Strombedarf an jedem einzelnen Slave. Bei einer Spannung von mindestens 30,5 V sollte eine logische „1" und bei einer Spannung kleiner 27,8 V sollte eine logische „0" registriert werden.

Wenn nun vom Slave keine logische „0" gesendet wird, ist der Bus mit einem konstanten Strom von 1,5 mA durchflossen. Der Leitungswiderstand verursacht auf Grund des Ohmschen Gesetzes einen Spannungsverlust, was auf den Slave keinen Einfluss hat. Erst ein Spannungsunterschied von 12 V wird als logische „0" interpretiert. Der Master ist für konstanten Strom von 1,5 mA verantwortlich und reguliert bzw. justiert diesen selbstständig. Zusätzlich erkennt er eine Stromerhöhung von 11-20 mA als eine logische „0" vom Slave und ist weiters für die Konvertierung des M-Bus-Signals in ein Signal für eine RS 232 Schnittstelle zuständig.

---

[19] Verändert übernommen aus: M-Bus Usergroup (1998). http://www.m-bus.com/mbusdoc/md4.html [Stand 28.12.2008].

Es können maximal 250 Endgeräte an einem Bus angeschlossen werden, die mit den Standard-Baudraten zwischen 300 und 9600 Baud betrieben werden können. Die maximale Distanz (siehe Kapitel 4.3 Montage) der Leitungen korrespondiert indirekt mit der Baudrate und zugleich mit der Anzahl der verwendeten Slaves.[20]

4.2.2 Sicherungsebene (Data Link Layer)

Diese Schicht ist für eine weitgehend zuverlässige Übertragung zuständig. Der Bitdatenstrom wird in Blöcke (auch Frames oder Rahmen genannt) eingeteilt und zusätzlich werden Prüfsummen gebildet. Das Übertragungsprotokoll richtet sich nach dem internationalen Standard IEC 870-5, welcher die asynchrone serielle Bitübertragung definiert. Eine Synchronisierung erfolgt durch ein Start- bzw. Stoppbit. Da der Ruhezustand des M-Bus-Systems eine logische „1" ist, muss das Startbit eine logische „0" sein. Daraus folgt, dass das Stoppbit wiederum eine logische „1" ist. Zwischen den acht Datenbits und einem geraden Paritätsbit erfolgt eine Datenübertragung. Das Paritätsbit dient zur Erkennung fehlerhafter Informationen. Dies erfolgt durch Aufsummierung der mit „1" belegten Bits. Sicherheitshalber wird jedes 11. übertragene Bit mit einer logischen „1" belegt.

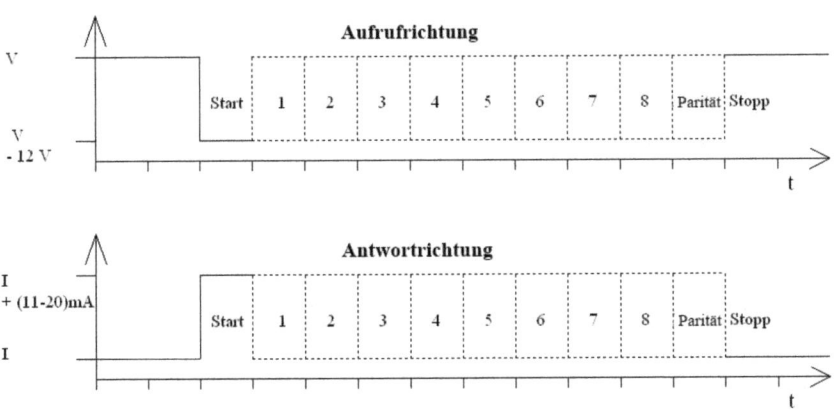

Abbildung 9: Übertragung eines Bytes[21]

---

[20] Vgl.: M-Bus Usergroup (1998). http://www.m-bus.com/mbusdoc/md4.html [Stand 28.12.2008].

[21] Verändert übernommen von: M-Bus Usergroup (1998). http://www.m-bus.com/mbusdoc/md5.html [Stand 28.12.2008].

Diese Informationen werden in Form von Datentelegrammen übertragen. Telegramme werden sowohl vom Master zum Slave als auch vom Slave zum Master gesendet. Folgende Telegramme werden für die Übertragung verwendet:

Single Character (Einzelzeichen)	Short Frame (Kurztelegramm)	Control Frame (Kontrolltelegramm)	Long Frame (Langtelegramm)
E5h	Start 10h	Start 68h	Start 68h
	C Feld (8 Bit)	L Feld	L Feld
	A Feld (8 Bit)	L Feld	L Feld
	Kontrollsumme	Start 68h	Start 68h
	Stopp 16h	C Feld	C Feld
		A Feld	A Feld
		CI Feld (8 Bit)	CI Feld
		Kontrollsumme	User Data
		Stopp 16h	Kontrollsumme
			Stopp 16h

Tabelle 2: Telegrammformate des M-Bus Protokolls[22]

- **C-Feld**

Das C-Feld (Control Field, Funktionsfeld) hat eine Größe von 8 Bit und beinhaltet Informationen über die Richtung des Kommunikationsaustausches, den Erfolg des Kommunikationsvorganges und die eigentliche Funktion des Telegramms.

Bit Nummer	7	6	5	4	3	2	1	0
Senderichtung	0	1	FCB	FCV	F3	F2	F1	F0
Empfangsrichtung	0	0	ACD	DFC	F3	F2	F1	F0

Tabelle 3: Codierung des C-Feldes[23]

Das höchstwertige Bit (most significant bit) ist für zukünftige Funktionen reserviert und standardmäßig auf „0" gesetzt.

Das Bit 6 spezifiziert die Richtung der Kommunikation und wird PRM – Primary Message Bit genannt. Ein gesetztes Bit („1") signalisiert die Senderichtung, das heißt der Master sendet an den Slave.

Das FCB – Frame Count Bit (Telegrammzahl – Bit) prüft den Erfolg der Telegrammübertragung bzw. steuert das Multi – Telegramm – Übertragungsverfahren.

---

[22] Verändert übernommen aus: M-Bus Usergroup (1998). http://www.m-bus.com/busdoc/md5.html [Stand 28.12.2008].

[23] Verändert übernommen aus: M-Bus Usergroup (1998). http://www.m-bus.com/busdoc/md5.html [Stand 28.12.2008].

Nach erfolgreichem Empfang des Datentelegramms schaltet der Master das FCB des Anforderungstelegramms um, damit das nächste Telegramm angefordert wird. Bleibt eine erwartete Antwort aus, dies wird nach 330 Bitzeiten zuzüglich 50 ms angenommen, sendet der Master dasselbe Anforderungstelegramm erneut. Die Bits 0 – 3 (F0, F1, F2 und F3) des C-Feldes beinhalten die Befehlinformationen des Telegramms. Zugleich wird das FCV – Frame Count Bit Valid (Telegrammzahl – Bit – Activ) durch den Master auf „1" gesetzt, wenn der Slave das FCB benutzen soll. Wenn dies auf „0" gesetzt ist, wird das FCB vom Slave ignoriert.

Das DFC – Data Flow Control Bit (Datenflusskontroll – Bit) kontrolliert den Datenfluss. Der Slave mit einer gesetzten „1" indiziert, dass keine weiteren Daten empfangen werden können. Bei einem gesetzen ACD – Access Demand Bit (Zugriffsanforderung – Bit) signalisiert der Slave, dass er Daten der Klasse 1 übermitteln möchte. Das DFC und ACD-Bit werden aber im M-Bus-Standard nicht verlangt.

Name	C – Feld binär	C – Feld hex.	Telegramm	Beschreibung
SND_NKE	0100 0000	40	Kurztelegramm	Initialisierung der Slaves
SND_UD	01F1 0011	53/73	Lang-/ Steuertelegramm	Anwenderdaten senden
REQ_UD2	01F1 1011	5B/7B	Kurztelegramm	Abfrage von Daten der Klasse 2
REQ_UD1	01F1 1010	5A/7A	Kurztelegramm	Abfrage von Daten der Klasse1
RSP_UD	00AD 1000	08/18/28/38	Lang-/ Steuertelegramm	Datenübertragung nach Abfrage

Tabelle 4: Bedeutung des C - Feldes (F=FCB; V=FCV; A=ACD; D=DFC)[24]

SND_NKE bewirkt die Initialisierung des Slaves auf Verbindungsebene, das einem Löschen des FCB entspricht bzw. die Quittierung durch ein Einzelzeichen.

SND_UD wird verwendet, um dem Slave Anwendungsdaten zu senden. Wenn vom Endgerät die Daten verarbeitet werden können, wird ein Einzelzeichen gesendet.

REQ_UD1 bzw. 2 fordert das Endgerät auf, Daten der Klasse 1 bzw. 2 zu senden. Sind solche Daten nicht vorhanden, antwortet der Slave mit einem Einzelzeichen. Anderenfalls schickt er ein RSP_UD.

- **A-Feld**

Das A-Feld (Adress Field, Adressfeld) ist für die Adressierung der Endgeräte zuständig. Es gibt zwei verschiedene Adressierungsarten bei M-Bus. Wenn das A-Feld den Wert 253 besitzt, dann entspricht dies einer Sekundäradressierung auf Anwendungs- und Netzwerkebene.

---

[24] Vgl.: M-Bus Usergroup (1998). http://www.m-bus.com/busdoc/md5.html [Stand 28.12.2008].

Die Werte 1 bis 250 sind für die Adressierung der Verbindungsebene reserviert und werden in Aufruf- und Antwortrichtung benutzt. Die Adressen 254 und 255 werden hingegen nur in Aufrufrichtung verwendet, um alle Endgeräte anzusprechen. Bei 255 soll kein Slave antworten, bei Adresse 254 sollen alle Slaves antworten. Dies führt bei mehreren angeschlossenen Endgeräten unweigerlich zu Kollisionen und ist daher auch nur für Testzwecke vorgesehen.[25]

4.2.3 Vermittlungsebene (Network Layer)

Die Netzwerkebene ist für die bestmögliche Übertragung innerhalb eines Netzwerkes zuständig. Die Funktionen dieser Ebene sind nur bei Adresse 253 im A-Feld aktiv. Diese Adresse ist nur auf der Anwendungsebene, nicht aber auf der Verbindungsebene bekannt. Die Felder Identifikationsnummer, Hersteller, Version und Medium der variablen Datenstruktur dienen als Sekundäradresse. Mit einem Langtelegramm an die Primäradresse 253 (A-Feld) werden als Anwenderdaten das CI-Feld 52h (Modus 1) oder 56h (Modus 2) und zusätzlich die oben beschriebene Sekundäradresse an den Slave gesendet.

Der Vorteil der Sekundäradressierung besteht darin, dass die Anzahl der adressierbaren Endgeräte steigt. Theoretisch würden sich allein mit der Identifikationsnummer (8 Stellen BDC) 100 Millionen verschiedene Werte bilden lassen. Zusätzlich entfällt die Vergabe von Primäradressen.[26]

4.2.4 Anwendungsebene (Application Layer)

Die letzte Schicht dient als Anwenderschnittstelle. Die Entwicklung von Anwendungsprogrammen ist ebenso standardisiert und benötigt die Kenntnis des Protokolls dieser Schicht.

- **CI-Feld**

Das CI-Feld (Control Information Field) gibt Auskunft über die Anwendung des gesendeten Telegramms und kennzeichnet den Modus, mit dem Felder codiert werden. Modus 1 besagt, dass das niederstwertige Byte zuerst gesendet wird, Modus 2 hingegen veranlasst das höchstwertige Byte als erstes zu übertragen.

CI-Codes in Aufrufrichtung		
Mode1	Mode 2	Verwendung
50		Reset auf Anwendungsebene
51	55	Daten werden vom Master zum Slave gesendet
52	56	Selektion von Slaves über Sekundäradressen
B8		Setzen der Baudrate auf 300 Baud
B9		Setzen der Baudrate auf 600 Baud (nicht empfohlen)
BA		Setzen der Baudrate auf 1200 Baud (nicht empfohlen)

---

[25] Vgl.: M-Bus Usergroup (1998). http://www.m-bus.com/busdoc/md5.html [Stand 28.12.2008].

[26] Vgl.: M-Bus Usergroup (1998). http://www.m-bus.com/busdoc/md7.html [Stand 28.12.2008].

BB		Setzen der Baudrate auf 2400 Baud
BC		Setzen der Baudrate auf 4800 Baud (nicht empfohlen)
BD		Setzen der Baudrate auf 9600 Baud
BE		Setzen der Baudrate auf 19200 Baud (nicht empfohlen)
BF		Setzen der Baudrate auf 38400 Baud (nicht empfohlen)
CI-Codes in Antwortrichtung		
Mode1	**Mode 2**	**Verwendung**
70		Senden eines allgemeinen Fehlerzustandes des Slaves
71		Senden eines Alarmzustandes
72	76	Antwort mit variabler Datenstruktur
73	77	Antwort mit fester Datenstruktur

Tabelle 5: CI-Codes[27]

- **Feste Datenstruktur**

M-Bus ermöglicht es, feste und variable Datenstrukturen zu benutzen. In Aufrufrichtung kann aber nur die variable Datenstruktur verwendet werden. Die feste Datenstruktur besitzt eine festgelegte Länge und es können nur zwei Zählerstände gleichzeitig übertragen werden. Weiters kann das CI-Feld, je nach Modus, den Wert 72h oder 76h annehmen.

Identifikationsnr.	Zugriffszahl	Status	Medium/Einheit	Zähler 1	Zähler 2
4 Byte	1 Byte	1 Byte	2 Byte	4 Byte	4 Byte

Tabelle 6: Datenaufbau bei fester Datenstruktur[28]

Die Identifikationsnummer besteht aus 4 Bytes in BCD-Code und ist eine serielle Nummer laut Herstellung.

Die Zugriffszahl hat eine vorzeichenlose Binär-Codierung und erhöht sich jeweils um 1 nach jeder RSP_UD vom Endgerät.

Die Bedeutung des Statusfeldes beinhaltet verschiedene Informationen des Zähler, welche auch Fehler beinhalten.

Beim Medium/Einheit-Feld wird immer das niederstwertige Byte als erstes gesendet. Die Einheiten des ersten Zählers stehen in den ersten 6 Bits des ersten Bytes und die Einheiten des zweiten Zählers in den gleichen Stellen des zweiten Bytes. Die restlichen Bits 7, 8, 15 und 16 geben Auskunft bezüglich des Mediums beider Zähler.

---

[27] Verändert übernommen von: M-Bus Usergroup (1998). http://www.m-bus.com/busdoc/md6.html [Stand 28.12.2008].

[28] Verändert übernommen von: M-Bus Usergroup (1998). http://www.m-bus.com/busdoc/md6.html [Stand 28.12.2008].

- **Variable Datenstruktur**

Bei dieser Art der Datenstruktur wird das Langtelegramm verwendet, welches eine Vielzahl von Informationen in einem Telegramm zu übermitteln ermöglicht. Lediglich in Antwortrichtung und bei Selektion wird ein fester Datenblock vorangestellt, danach folgen variable Datenblöcke (Records).

Identifikationsnr.	Hersteller	Version	Medium	Zugriffszahl	Status	Signatur
4 Byte	2 Byte	1 Byte	1 Byte	1 Byte	1 Byte	2 Byte

Tabelle 7: Fester Datenblock[29]

Die ersten 8 Bytes bilden die Sekundäradresse, die vom Hersteller vergeben wird. Das Herstellerfeld wird nach folgender Formel vergeben:

$$\text{Hersteller} \quad = \quad [\text{ASCII (1.Buchstabe)} - 65] * 32 * 32 * 32$$
$$[\text{ASCII (2.Buchstabe)} - 65] * 32 * 32$$
$$[\text{ASCII (3.Buchstabe)} - 65] * 32$$

Jeder Datenblock beinhaltet, wie in Tabelle 8 ersichtlich, die Datenblockkopfzeile DRH und die aktuellen Daten. Die DRH besteht zugleich aus dem Dateninformationsblock, der die Länge, Type und Codierung der Daten beinhaltet, und dem Wertinformationsblock, der den Wert des Faktors bestimmt. Die maximale Größe beträgt 255 Bytes.[30]

DIF	DIFE	VIF	VIFE	Daten
1 Byte	0-10 Byte	1 Byte	0-10 Byte	0-N Byte
Dateninformationsblock		Wertinformationsblock		
Datenblockkopfzeile DRH				

Tabelle 8: Struktur eines Datenblocks[31]

4.3 Montage

Für die Verbindung zwischen Master und Slave wird eine verdrillte zweiadrige Standard-Telefonleitung (JYStYN*2*0,8) verwendet. Auf eine Polarität muss nicht geachtet werden. Die maximale Distanz beträgt 350m, was mit einem Leitungswiderstand von 29Ω einhergeht. Diese kann auf Grund von Verringerung der Baudrate und Endgeräte auf maximal 1.000m erhöht werden. Es darf aber an keinem Punkt der Busleitung ein höherer Spannungsverlust als 12V entstehen. Auch wenn der Spannungsverlust kein Problem darstellt, darf eine Leitungslänge von 1.000 m nicht überschritten werden, da sonst eine zulässige Leitungskapazität von 180 nF überschritten wird.

---

[29] Verändert übernommen von: M-Bus Usergroup (1998). http://www.m-bus.com/busdoc/md6.html [Stand 28.12.2008].
[30] Vgl.: M-Bus Usergroup (1998). http://www.m-bus.com/busdoc/md6.html [Stand 28.12.2008].
[31] Verändert übernommen von: M-Bus Usergroup (1998). http://www.m-bus.com/busdoc/md6.html [Stand 28.12.2008].

Wenn möglich, sollte die Schnittstelle zwischen M-Bus und Slave über den Bus mit Strom versorgt sein. In allen anderen Fällen ist es wichtig, die Spannungsversorgung zu gewährleisten. Hierbei ist auf die durchschnittliche Lebensdauer einer möglichen Batteriespeisung Bedacht zu nehmen.

Die Topologie der Busleitung kann als Stern, Baum oder Netz mit Segmenten ausgeführt sein und sollte möglichst sorgfältig in eigener Verrohrung verlegt sein.

Die von der Steirischen Gas & Wärme verwendeten Slaves sind als Steckmodul ausgeführt, die direkt in den Zähler eingebaut werden können. Leider gibt es keine genormten Steckverbindungen. Zusätzlich existieren Impulseingänge auf dem Modul, um z.B. weitere Zähler anzuschließen. Bei der Inbetriebnahme hat der Master eine Initialisierungszeit von ca. 5 Sekunden. Die M-Bus-Slaves hingegen haben eine Initialisierungszeit von 9-12 Sekunden. Beide sind jedoch selbstkonfigurierend.

4.4 Einsatzbereich

Der M-Bus ist ein sehr preiswertes und einfaches Bussystem für Verbrauchsdaten-Erfassung mit der Gebäudeleittechnik. Anwendung findet dieses vor allem in größeren Anlagen, wo bereits eine bestehende Leitungsinfrastruktur in Form von Bus-, Stern- oder Ringtopologie vorhanden und keine zusätzliche Verkabelung notwendig ist. Auch in überschaubaren Fernwärmenetzen, die bei Rohrverlegung bereits Begleitkabel mitverlegt haben, findet dieses System häufig Anwendung. Hierbei besteht bei M-Bus die Möglichkeit, in den Regelkreis der Übergabestation einzugreifen und diesen dadurch von zentraler Stelle einzeln zu optimieren.

In den letzten Jahren wurde der M-Bus für die alleinige Verwendung als Zählerfernauslesung, was als ursprünglich geplante Verwendung galt, von noch preiswerteren Funksystemen abgelöst. Dennoch hat der M-Bus in der Verbrauchs-Erfassungs-Messtechnik seine Berechtigung und wird in diesem Bereich auch in naher Zukunft nicht wegzudenken sein.

4.5 Übertragungssicherheit

Auf Grund der lückenhaften Standardisierung der Protokollebene ist es wichtig, neue Fremdgeräte auf Kompatibilität zu prüfen. Der M-Bus und die Wärmezähler kommunizieren in beide Richtungen über einen Optokoppler, das heißt, der M-Bus und die Zähler sind galvanisch getrennt.

Bei großen Wohnkomplexen gelangt man schnell an die Grenze der 250 Endgeräte, welche häufig mit einer Sekundäradressierung erweitert wird. In diesen Fällen kann es zu Problemen mit dem Widerstand der Zuleitung kommen, da hier der Spannungsabfall auf der Leitung zu groß wird und der für den ordnungsgemäßen Betrieb benötigte Strom nicht mehr gewährleistet werden kann. Weiters steigt die kapazitive Last des Netzes; hierbei schafft ein Pegelwandler mit „bit recovery" Abhilfe. Um dem Spannungsabfall entgegenzuwirken, können Repeater eingesetzt werden, die aber meist teurer als ein Pegelwandler sind.
Externe Einflüsse in Kraftwerken durch Anschlussleitungen von größeren Abnehmern wie frequenzgesteuerte Pumpen und Kompressoren etc. sollten so gut wie möglich abgeschirmt werden.

5 GSM (Global System for Mobile Communications)

5.1 Allgemeines

Die ersten Mobiltelefonsysteme wurden in den ersten Jahrzehnten des 20. Jahrhundert eingesetzt. 1946 wurde das erste System für Autotelefone entwickelt. CB-Funk und Taxis benutzten dieses System sehr oft.

In Europa wurde ein einheitlicher Standard (GSM) für mobiles Telefonieren entwickelt. Somit konnte mit jedem europäischen Handy in Europa telefoniert werden. Heutzutage verwenden beinahe alle Länder der Welt GSM (Global System for Mobile Communications). Lediglich in den Vereinigten Staaten und in Japan findet ein anderes System Verwendung, welches als D-AMPS bezeichnet wird. Im Vergleich zu D-AMPS hat GSM eine viel höhere Datenübertragungsrate. Beide Technologien sind jedoch Zellularsysteme.

Diese GSM Technologie wird nicht nur für Sprachanrufe verwendet, sondern auch für Datenübertragung bei größeren Entfernungen. Die Reichweite ist sehr stark abhängig vom Gelände und der Bebauung. In Städten liegt diese aufgrund von Dämpfung durch die Gebäude bei wenigen hundert Metern, im Freiland hingegen können Reichweiten von bis zu 30 km erreicht werden, die aufgrund der Laufzeit der Funksignale beschränkt sind.

In Österreich sind die Frequenzbereiche 880-885MHz, 925-960MHz, 1710-1785MHz und 1805-1880MHz für die GSM-Technologie reserviert.

5.2 Funktionsweise

Jeder Sender/Empfänger sendet mit einer Frequenz und empfängt auf einer um 55MHz erhöhten Frequenz. Bei diesem System findet Frequenzmultiplexing Anwendung.

Ein GSM-System besteht aus 124 Simplexkanalpaaren, die jeweils ein Frequenzband von 200 kHz besitzen. Jeder Kanal besteht aus einem TDM-System mit acht Zeitschlitzen und wird mittels Zeitmultiplex gesteuert. Auf jeder aktuell aktiven Station erhält ein Kanalpaar einen Zeitschlitz, in dem die Daten übertragen werden. Das Senden und Empfangen der GSM-Wellen kann nicht gleichzeitig stattfinden und das Umschalten erfordert eine gewisse Zeit. Die TDM-Einträge sind die Daten, die in einem Zeitschlitz übertragen werden, und haben eine eigene Struktur. Sie sind Teil einer komplexen Rahmenhierarchie. Gruppen davon bilden Mehrfachrahmen mit wiederum einer besonderen Struktur. Jeder TDM – Eintrag besteht aus einem 148-Bit-Datenrahmen, der den Kanal für 577µs belegt. In diesen 577µs ist eine Sperrzeit von 30µs enthalten. Diese Datenrahmen beginnen und enden bezüglich der Rahmenabgrenzung mit drei 0-Bit. Zusätzlich enthält dieser Datenrahmen zwei 57-Bit große Informationsfelder mit jeweils einem Steuerbit, das das folgende Informationsfeld in Sprache oder Daten unterteilt. Das Sync-Feld in der Größe von 26-Bit wird vom Empfänger benutzt, um sich mit den Rahmengrenzen des Senders zu synchronisieren.[32]

---

[32] Vgl.: Tanenbaum (2003): Computernetzwerke. S. 186f.

Ein Datenrahmen wird somit in einer Zeit von 547µs übertragen. Ein Sender kann aber nur alle 4,615µs einen Datenrahmen senden, da der Kanal mit sieben anderen Stationen geteilt wird. Jeder Kanal hat eine Übertragungsrate von 270.833 Bit/s, die auf acht Benutzer aufgeteilt werden. Das entspricht einer Benutzer-Brutto-Übertragungsrate von 33.854kbit/s. Auf Grund des Overheads bleiben netto nur 24,7kbit/s vor Fehlerkorrektur übrig.[33]

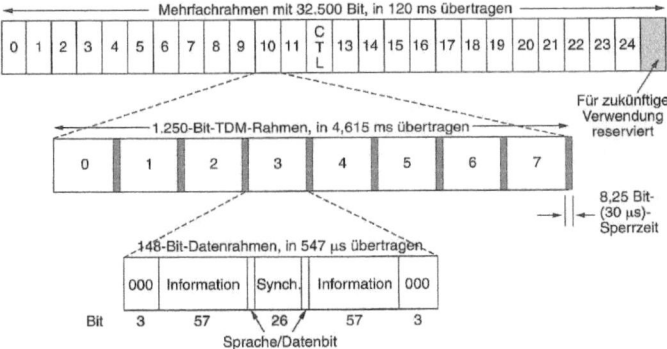

Abbildung 10: Teil der GSM - Rahmenstruktur[34]

5.3 Montage

Hierzu muss ein zusätzliches Gerät angebracht werden, das durch eine Verbindungsleitung mit dem Zähler verbunden wird. Weiters wird das GSM-Modul von einer anderen Spannungsversorgung als der Wärmezähler gespeist. Oftmals ist es sinnvoll, eine externe Antenne anzubringen, um eine optimale Sendeleistung zu gewährleisten.

5.4 Einsatzbereich

Der Haupteinsatzbereich liegt bei Anlagen, die weit entfernt und abgelegen sind, wo die Streuung der Anlagen zu groß für eine effiziente Funkauslesung ist und zusätzlich der Einsatz anderer Technologien erschwert ist. Die GSM-Technologie findet auch dort Anwendung, wo Personal für eine mögliche Funkauslesung nur eingeschränkt verfügbar ist.

Einen großen Nachteil der GSM-Technologie stellt der Kostenfaktor dar, da von einem GSM-Anbieter eine SIM-Karte benötigt wird und für diese bei Datenübertragung Kosten anfallen.

Eine alleinige GSM-gestützte Fernauslesung ist nicht umsetzbar, da es keine 100%ige Netzabdeckung gibt und in Funklöchern keine Datenübertragung möglich ist.

---

[33] Vgl.: Tanenbaum (2003): Computernetzwerke. S. 186f.

[34] Tanenbaum (2003): Computernetzwerke. S. 186.

5.5 Übertragungssicherheit

Auf Grund des ausgereiften Systems der GSM-Rahmenstruktur ist diese Technologie als sehr gutes Übertragungsmedium anzusehen. GSM ist sehr weit verbreitet und wird fast auf der ganzen Welt für mobiles Telefonieren verwendet. Somit wird auf Fehlerkorrektur und Qualität sehr Bedacht genommen.

Dennoch ist man mit diesem System an einen Mobilfunkanbieter gebunden, weshalb man auch wenig Einfluss auf Veränderungen hat.

6 Modem

6.1 Allgemeines

Um digitale Daten über eine analoge Wählleitung übertragen zu können, müssen diese Daten zuvor in analoge Signale konvertiert werden, was anhand eines Modems erfolgt. Bei der Teilnehmervermittlungsstelle der Telefongesellschaft werden diese Signale wieder digitalisiert und über Fernübertragungsleitungen zum Empfänger übertragen. Beim Empfänger ist wiederum ein Modem installiert, das diesen Vorgang in umgekehrter Reihenfolge durchführt.

6.2 Funktionsweise

Es wird ein Trägersignal, das zwischen 1.000 und 2.000Hz liegt, eingespeist. Dessen Amplitude, Frequenz oder Phase kann moduliert werden, um Informationen zu übertragen. Wie beim Funkssystem werden bei der Amplitudenmodulation zwei verschiedene Amplituden verwendet, um 0 bzw. 1 darzustellen. Bei der Frequenzmodulation werden verschiedene Frequenzen verwendet und bei der Phasenmodulation wird die Trägerwelle systematisch um 0 oder 180 Grad in einheitlichen Intervallen verschoben. Eine Verbesserung darin besteht bei der Verwendung von Verschiebungen um 45, 135, 225 oder 315 Grad Intervallen, um 2-Bit-Informationen pro Zeitintervall übertragen zu können.

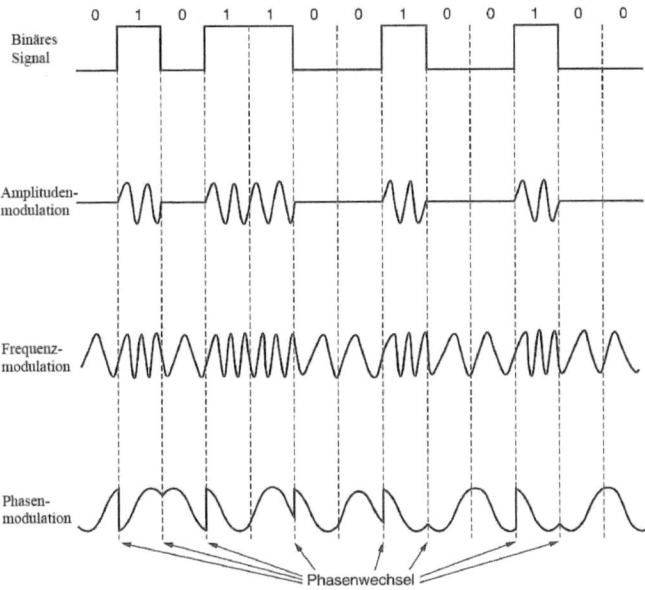

Abbildung 11: Übersicht Modulationsarten[35]

---

[35] Tanenbaum (2003): Computernetzwerke. S. 149.

Um die Geschwindigkeit der Übertragung zu erhöhen, reicht es nicht, die Abtastfrequenz zu steigern. Das Nyquist-Theorem besagt, dass ein kontinuierliches, bandbegrenztes Signal mit einer Frequenz größer als 2 * f_{max} (wenn die untere Grenzfrequenz gleich 0 ist) abgetastet werden muss, damit das ursprüngliche Signal exakt rekonstruiert werden kann. Aus diesem Grund macht es keinen Sinn, höhere Abtastfrequenzen als 6.000Hz zu verwenden.

Die Anzahl der Abtastwerte pro Sekunde wird in Baud angegeben Je Baud wird ein Zeichen übertragen. Bei einer Bitübertragungsrate von 2.400Bit/s wird beispielsweise 0 Volt für eine logische 0 und 1 Volt für eine logische 1 verwendet. Werden Spannungen von beispielsweise 0,1,2,3 verwendet, besteht jedes Zeichen aus 2-Bit. Somit kann eine 2.400-Baud-Leitung 2.400 Zeichen übertragen, was einer Bitübertragungsrate von 4.800Bit/s entspricht. Bei der QPSK-Technologie (Quadrature Phase Shift Keying) befindet sich die Bitübertragungsrate zur Baudrate auch im Verhältnis 2:1, wobei hier vier mögliche Phasenverschiebungen eingesetzt werden.[36]

„Da Bandbreite, Baud, Zeichen und Bitübertragungsraten oftmals durcheinander gebracht werden, fassen wir die Begriffe hier kurz zusammen. Die Bandbreite eines Mediums ist der Frequenzbereich, innerhalb dessen nur eine minimale Dämpfung auftritt. Es ist eine physikalische Eigenschaft des Mediums (in der Regel von 0 bis hin zu einer maximalen Frequenz) und wird in Hz gemessen. Die Baudrate ist die Anzahl der pro Sekunde durchgeführten Abtastungen. Jede Abtastung sendet eine Information, also ein Zeichen. Die Baudrate und die Zeichenübertragungsrate sind daher gleich. Das Modulationsverfahren, wie QPSK, legt die Anzahl der Bit/s fest. Die Bitübertragungsrate ist die über den Kanal gesendete Menge an Informationen und entspricht der Anzahl der Zeichen/Sek. mal der Anzahl der Bit/Zeichen."[37]

Die heutzutage erhältlichen Modems verwenden eine Kombination der verschiedenen Modulationsverfahren, um eine höhere Bit-pro-Baud Übertragungsrate zu erreichen.

Bezeichnung	Modulation	Baudrate	Bitübertragungsrate Bit/s	Jahr
ITU V.32	32-QAM/TCM	2.400	9.600	1984
ITU V.32bis	128-QAM/TCM	2.400	14.400	1991
ITU V.34	1024-QAM/TCM	3.200	28.800	1994
ITU V.34bis	1024-QAM/TCM	3.200	33.600	1996
ITU V.90	PAM-128/QAM	8.000	56.000 (Upstream 33,6 kbit/s)	1998
ITU V.92	PAM-128/QAM	8.000	56.000 (Upstream 48 kbit/s)	2000

Tabelle 9: Typische Standards für Modems[38]

---

[36] Vgl.: Tanenbaum (2003): Computernetzwerke. S. 148ff.

[37] Tanenbaum (2003): Computernetzwerke. S. 150.

[38] Verändert übernommen von: ELKO. Modem (analog). http://www.elektronik-kompendium.de/sites/kom/0603061.htm [Stand 22.12.2008].

Ein Standard-Modem kann nur eine maximale Bitübertragungsrate von 33.600 Bit/s erreichen. Dies ist auf Grund des Shannon-Grenzwertes für Telefonsysteme zurückzuführen. Damit höhere Übertragungsraten umsetzbar sind, werden mehrere Amplituden mit unterschiedlichen Phasenverschiebungen verwendet.

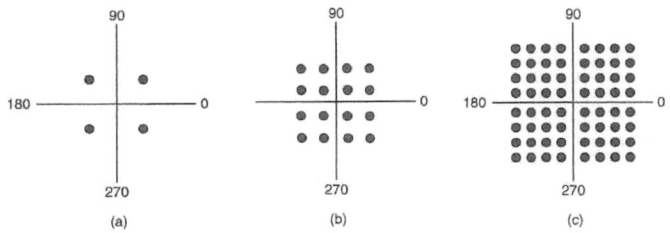

Abbildung 12: Konstellationsdiagramm (a) QPSK (b) QAM-16 (c) QAM-64[39]

In Abbildung 12 (a) ist die Phasenverschiebung der vier Punkte klar ersichtlich. Der Abstand zum Ursprung, der der Amplitudenhöhe entspricht, ist in jedem Quadranten gleich groß. Mit diesem System können 2 Bit pro Zeichen übertragen werden. Abbildung 12 (b) beschreibt ein System mit vier Amplituden und wiederum vier Phasenverschiebungen. Somit ist es möglich, 16 Kombinationen zu bewerkstelligen. Die Bit-pro-Zeichen Übertragung beträgt vier, was bei einer Baudrate von 2.400 eine Bitübertragungsrate von 9.600Bit/s ergibt. Eine zusätzliche Erweiterung ist in Abbildung 8 (c) ersichtlich. Diese ermöglicht es, 64 Kombinationen zu realisieren.

Um die hohen Datenübertragungsraten (größer 33.600 Bit/s) bewerkstelligen zu können, komprimieren viele Modems die Daten, bevor sie diese übertragen. Der Datenaustausch erfolgt entweder mittels Duplexverfahren (gleichzeitiger Datenaustausch in beide Richtungen), mittels Halbduplexverfahren (Datenaustausch in beide Richtungen, aber NICHT gleichzeitig) oder mittels Simplexverfahren (Datenverkehr nur in eine Richtung).[40]

6.3 Montage

Dieses System ist eines der aufwändigsten hinsichtlich der Montage. Es muss eine zweiadrige Teilnehmeranschlussleitung von der analogen Nebenstelle und zusätzlich eine 230V-Versorgung zum Zähler verlegt werden. Da sich eine etwaige vorhandene Telefonanlage in den meisten Fällen nicht in der Nähe der Fernwärmestation befindet, erfolgt die Verlegung meist durch mehrere Räume und auch Stockwerke.

Das eigentliche Modem kann wieder in Form eines Steckmoduls in das Modulfeld des Zählers eingesteckt werden. Nach erfolgtem Anschluss aller Leitungen muss mittels eines optischen Lesekopfs,

---

[39] Tanenbaum (2003): Coputernetzwerke. S. 150.

[40] Vgl.: Tanenbaum (2003): Coputernetzwerke. S. 152.

der außen am Zähler angebracht wird, die Wählnummer der verwaltenden Stelle, an die das Datenpaket gesendet werden soll, im Zähler gespeichert werden.

6.4 Einsatzbereich

Die Modemauslesung wird auf Grund der aufwändigen Montage eher selten angewendet. Meist findet sie Verwendung bei größeren Firmen, Thermalbädern oder größeren Gebäuden, die sehr große Anschlussleistungen haben. Eine tägliche Auslesung zur selben definierten Zeit kann ein bestehendes Optimierungspotential der Anlage aufzeigen. Drastische Veränderungen bezüglich des Energiebedarfs werden relativ rasch erkannt und können dem Kunden weitergeleitet werden.

Dennoch hat dieses System die gleichen Vorzüge wie bei einer GSM-Auslesung. Eine Zählerabfrage ist unkompliziert und kann per Knopfdruck von einer zentralen Stelle (Büro) veranlasst werden. Es ist somit kein zusätzliches Personal für die Zählerauslesung notwendig. Einen Nachteil zeichnen jedoch die laufenden Kosten, die bei der Übertragung gleich wie bei einem Telefongespräch anfallen.

6.5 Übertragungssicherheit

Es existieren drei Haupteinflussfaktoren: Dämpfung, Übertragungsverzerrung und Rauschen. Unter Dämpfung versteht man den Energieverlust, der entsteht, während das Signal zum Empfänger übertragen wird. Dieser Verlust ist von der Frequenz abhängig und wird in Dezibel pro Kilometer angegeben. Zum besseren Verständnis stelle man sich eine Reihe von Fourier-Komponenten vor, wobei jede einzelne unterschiedlich stark gedämpft wird, was zu einem verfälschten Fourier-Spektrum beim Empfänger führt. Durch Geschwindigkeitsunterschiede der Fourier-Komponenten in der Leitung wird das Signal zusätzlich noch verzerrt.

Rauschen ist eine Energie, die durch eine andere Quelle als dem Sender erzeugt wird. Ein thermisches Rauschen wird durch das Fließen der Elektronen in einem Leiter erzeugt und ist unvermeidbar. Hingegen kann ein Rauschen, das durch Spannungsspitzen verursacht wird, durch verschiedenste Maßnahmen vermindert werden.

7 LonWorks

7.1 Allgemeines

LonWorks ist ein von der US-Firma Echelon entwickeltes Kommunikationssystem für verteilte Applikationen. Vorwiegend wird dieses System für die Gebäudeautomatisierung, Fertigungs-, Verfahrens- Lager- und Förderungstechnik sowie für Systeme der Strom-, Gas-, Wasser- und Wärmeversorgung eingesetzt.

LON, was ein Synonym für LonWorks darstellt, kann weder direkt der Sensor/Aktor-Ebene noch der höheren Kommunikation zugeordnet werden.

7.2 Funktionsweise

Das dominierende Bauelement ist der Neuron-Chip, ein hochintegrierter Schaltkreis, der den Mikrorechnerkern darstellt. Dieser besteht aus einer 8-bit-Mikrorechnerstruktur mit drei Prozessoren. Die Prozessoren 1 (MAC-CPU) und 2 (Network-CPU) realisieren die Kommunikationsaufgabe. Der Prozessor 3 (Application-CPU) ist bei der Abarbeitung für die lokalen Funktionen zuständig.[41]

LON unterstützt verschiedenste Topologien der Netzstruktur, die eine große Auswirkung auf die Netzausdehnung haben.

Typ	Topologie	Netzausdehnung	Verbindungsleitung	Übertragungsrate kbit/s
TP-RS485	Linie	1.200 m	Verdrillte 2-Drahtleitung	39 – 625
TPT/XF-78 mit Übertrager	Linie 3 Stichleitungen	2.000 m	Verdrillte 2-Drahtleitung	78
TPT/XF-1250 mit Übertrager	Linie mit 0,3 Stichleitungen	500 m	Verdrillte 2-Drahtleitung	1.250
FTT-10 A mit Übertrager	**Linie und freie Topologie**	**2.700 m (Linie) 500 m (freie Top.)**	**Verdrillte 2-Drahtleitung**	**78**
LPT-10 Link Power	Freie Topologie	500 m	Verdrillte 2-Drahtleitung	78
PLT-21 Power Line	Freie Topologie	50 m – 5 km	230 Volt Anschluss	4,8
PLT-30 Power Line	Freie Topologie		230 Volt Anschluss	2

Tabelle 10: Übersicht Topologien bei LON[42]

---

[41] Vgl.: Schnell, Gerhard; Wiedemann, Bernhard (2008): Bussysteme in der Automatisierungs- und Prozesstechnik. Grundlagen, Systeme und Trends der industriellen Kommunikation. 7., überarb. und erweit. Aufl. Wiesbaden: Vieweg+Teubner. S. 255.

[42] Verändert übernommen von: Gruhler, Gerhard (2001): Feldbusse und Gerätekommunikationssysteme. Praktisches Know-How mit Vergleichsmöglichkeiten. Poing: Franzis. S. 132.

Der Adressraum ist hierarchisch strukturiert und für eine eindeutige Dateninterpretation in den kommunizierenden Anwendungsprogrammen unumgänglich. Um dies umzusetzen, wurde das Konzept der standardisierten Netzwerk-Variablen (SNVTs Standard Network Variables Types) entworfen, mit denen eine eindeutige Zuteilung des Empfängers erfolgt.

SNVT-Name	Größe	Einheit
SNVT_flow_f	Durchfluss	Liter/Sek.
SNVT_vol_f	Volumen	Liter
SNVT_str_asc	Kunden-Nummer	ASCII Folge
SNVT_time_stamp	Datums- und Zeitangabe	Jahr, Monat, Tag, h, min, sec
SNVT_elec_whr_f	Wärmemenge	Wh
SNVT_power_f	Leistung	W
SNV_temp_p	Temperatur	°C

Tabelle 11: Auszug aus der SNVT Master List[43]

7.3 Montage

Die Montage ist wie bei M-Bus durch die Verlegung der Busleitung (Twisted-Pair, Lichtwellenleiter oder Koaxialleitung) und einer 230V Versorgung sehr aufwändig und mit relativ hohen Investitionskosten verbunden. Ein LonWorks-Modul wird einfach in das Rechenwerk des Zähler mittels Steckkontakt eingebaut. Es erfolgt eine automatische Erkennung des Moduls.

Auf Grund der dezentralen Automatisierung wird keine Zentrale mehr benötigt, somit erfolgt die Informationsverarbeitung vor Ort, was den Verdrahtungsaufwand wiederum ein wenig mindert.

7.4 Einsatzbereich

Primär wird die LonWorks-Technologie in der Gebäudeautomation eingesetzt. Sie dient entweder zur Datenablesung oder für Regulierzwecke. Überall dort, wo die Datenkommunikation mit hoher Geschwindigkeit vor sich gehen muss, findet LonWorks seine Berechtigung.

Durch die SNVTs können auch Knoten verschiedener Hersteller miteinander kommunizieren. Derzeit werden über 160 SNVTs unterstützt, die in der SNVT-Master-List deklariert sind.

In der Steirischen Gas und Wärme GmbH wurde diese Technologie bis dato noch nie eingesetzt.

7.5 Übertragungssicherheit

Durch die gute Standardisierung ist LonWorks im Bereich der Datenfernübertragung eines der übertragungssichersten Systeme. Das Kommunikationsprotokoll wird als LonTalk-Protokoll bezeichnet, das die Schichten 2 bis 7 des OSI-Modells definiert.

Wie bei anderen Bussystemen kann die Übertragung durch externe Einflüsse, wie zum Beispiel unsorgfältige Leitungsverlegung, gestört werden.

---

[43] Eigene Darstellung

Zusammenfassung

Auf Grund der Ablesesicherheit und des zukünftigen Einsparpotentials ist für eine Optimierung von betrieblichen Prozessen eine komplette Umstellung auf automatische Ablesung von Fernwärmezählern unumgänglich. Im Herbst 2008 ergab eine unabhängige Unternehmungsberatung ein Einsparpotential hinsichtlich Personalaufwands von 0,8 Mannjahren. Zusätzlich wurde auch eine Amortisationsdauer von fünf Jahren ermittelt (nach derzeitigen Anschaffungspreisen), die sich zukünftig vermutlich auf Grund von Erhöhung der Bezugsmenge und Produktionskostensenkung verringern wird.

Um eine optimale Auswahl der möglichen Systeme zu treffen, ist es wichtig, eine genaue Analyse der Gegebenheiten sowie der Umgebungsbedingungen zu erstellen. Deshalb ist eine sorgfältige Planung von immenser Bedeutung. Nachfolgende Tabelle soll hier eine grobe Übersicht der Anwendungsbereiche der einzelnen Systeme bieten.

System	Anwendungsbereich	Instandsetzungs- kosten	Montageaufwand	Ablesungsintervall
Funk	Privatkunden Kleinabnehmer	gering	gering	jährlich, monatlich
M-Bus	Firmenkunden Großabnehmer Fernwärmenetze mit Begleitkabel	relativ gering	sehr hoch	permanent, täglich
GSM	abgelegene Kunden	sehr hoch	hoch	monatlich, jährlich
Modem	Firmenkunden Großabnehmer	hoch	sehr hoch	täglich, monatlich
LONWorks	Gebäudetechnik Großabnehmer	sehr hoch	sehr hoch	permanent, täglich

Tabelle 12: Gegenüberstellung Fernauslesesysteme[44]

Der Gesamtbestand an Fernwärmezählern der Steirischen Gas & Wärme GmbH wird kontinuierlich auf Fernauslesung umgestellt und soll in acht bis zehn Jahren zum Großteil mit einem Fernübertragungssystem ausgestattet sein. Es handelt sich hierbei um ungefähr 8.000 Zähler, die zum Großteil im ländlichen Gebiet in Verwendung sind und zugleich Kleinkunden sind. Im Zuge des Eichtausches werden die Zähler mit einem System ausgestattet. Diese Auswahl wird primär auf Grund von Umgebungsbedingungen im Einsatzbereich getroffen. Deshalb werden gute Kenntnisse bezüglich der Örtlichkeiten in dem jeweiligen Fernwärmenetz vorausgesetzt. Aus diesem Grund ist es prinzipiell nicht möglich, ein komplettes Fernwärmenetz bzw. eine Betriebsregion mit nur einem Funkübertragungssystem auszustatten Die zentrale Administration erfolgt durch die Abteilung „Zählerwesen" der Steirischen Gas & Wärme GmbH.

---

[44] Eigene Darstellung

Literaturverzeichnis

Bücher:

Gruhler, Gerhard (2001): Feldbusse und Gerätekommunikationssysteme. Praktisches Know-How mit Vergleichsmöglichkeiten. Poing: Franzis.

Mäusl, Rudolf; Göbel, Jürgen (2002): Analoge und digitale Modulationsverfahren. Basisband und Trägermodulation. Heidelberg: Hüthig.

Rech, Jörg (2008): Wireless LANs. 802.11-WLAN-Technologie und praktische Umsetzung im Detail. 3., akt. und erw. Aufl. Hannover: Heise.

Schnell, Gerhard; Wiedemann, Bernhard (2008): Bussysteme in der Automatisierungs- und Prozesstechnik. Grundlagen, Systeme und Trends der industriellen Kommunikation. 7., überarb. und erweit. Aufl. Wiesbaden: Vieweg+Teubner.

Tanenbaum, Andrew S. (2003): Computernetzwerke. 4., überarb. Aufl. München: Pearson.

Internetquellen:

Energie Steiermark AG. http://www.e-steiermark.com/konzern/index.htm [Stand 15.12.2008].

ELKO. Modem (analog). http://www.elektronik-kompendium.de/sites/kom/0603061.htm [22.12.2008].

Frequenzbereichszuweisungsplanverordnung.
http://bundesrecht.juris.de/bundesrecht/freqbzpv_2004/gesamt.pdf [Stand 28.12.2008].

M-Bus Usergroup (1998). http://www.m-bus.com/mbusdoc/md4.html [Stand 28.12.2008].

M-Bus Usergroup (1998). http://www.m-bus.com/mbusdoc/md5.html [Stand 28.12.2008].

M-Bus Usergroup (1998). http://www.m-bus.com/mbusdoc/md6.html [Stand 28.12.2008].

M-Bus Usergroup (1998). http://www.m-bus.com/mbusdoc/md7.html [Stand 28.12.2008].

Zielosko, Gunther. Funk-Datenübertragung mit BASIC Tiger.
http://www.wilke.de/guntherspage/view.php?we_objectID=374 [Stand 20.12.2008].